石油石化有害因素防护系列口袋书

苯防护口袋书

中国石油化工集团公司安全监管局
中国石化集团公司职业病防治中心
组织编写

中国石化出版社

内 容 提 要

本书为《石油石化有害因素防护系列口袋书》之一，在描述苯基本理化性质的基础上，针对石化企业生产过程可能接触到苯的主要作业环节进行了描述，内容涉及苯侵入人体的途径、苯对人体的危害、苯的职业接触限值、如何预防和控制苯的危害等相应预防管理措施，最后还列举了典型案例。

本书适合接触苯作业的员工学习，也适合企业从事职业健康防护的管理和技术人员参考。

图书在版编目（CIP）数据

苯防护口袋书 / 中国石油化工集团公司安全监管局，中国石化集团公司职业病防治中心组织编写．— 北京：中国石化出版社，2016.7(2025.6 重印)

（石油石化有害因素防护系列口袋书）

ISBN 978-7-5114-4199-7

Ⅰ．①苯… Ⅱ．①中… ②中… Ⅲ．①苯－化学防护 Ⅳ．① TQ086.5

中国版本图书馆 CIP 数据核字 (2016) 第 171845 号

中国石化出版社出版发行

地址：北京市东城区安定门外大街 58 号

邮编：100011　电话：(010)57512500

发行部电话：(010)57512575

http://www.sinopec-press.com

E-mail:press@sinopec.com

北京富泰印刷有限责任公司印刷

全国各地新华书店经销

*

787 毫米×1092 毫米　32 开本　1 印张　18 千字

2016 年 9 月第 1 版　2025 年 6 月第 3 次印刷

定价：15.00 元

前言

苯是高毒物品，是国际癌症研究机构确认的人类致癌物。苯作为石油炼制的一种产品，也是化工生产一种重要原料，所以石油化工企业的员工在生产过程中可能会接触苯。苯既能造成急性危害，也能造成慢性危害，苯所致白血病是其重要的慢性危害之一。苯的慢性危害一旦发展成为白血病，对员工的健康、对员工的生活质量影响很大。为了确保员工的健康，防止苯中毒的发生，必须了解、认识和掌握苯的危害及其防护等基本知识。

你了解苯的危害吗？

苯的性质有哪些？

哪些作业过程可能接触到苯？

有哪些措施可以预防苯中毒？

你的身体状况可以从事苯作业吗？

本书中我们将图文并茂地一一回答这些问题。

需要说明的是，本书中部分图片选自网站，在本书出版之际我们向这些图片的原作者表示衷心地感谢！

目录

一、苯的性质

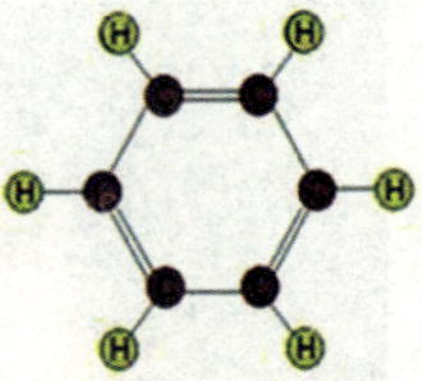

苯

苯属于芳香烃类化合物，是煤焦油分馏或石油裂解的产物，是石油炼制加工行业常见的职业危害因素，国际癌症研究中心 (IARC) 已经确认为致癌物，危害后果严重。

苯是无色透明液体，有强烈芳香味，易挥发，不溶于水，溶于醇、醚、丙酮等多数有机溶剂，CAS 号 71–43–2，分子式 C_6H_6，相对分子质量 78。结构式如下图所示：

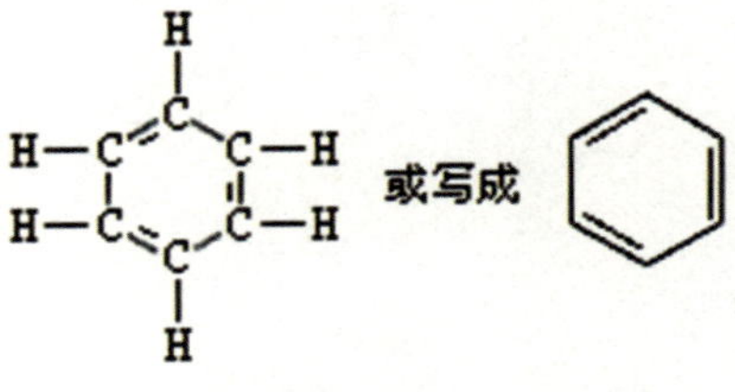

熔点：5.45℃。

沸点： 80.1℃。

相对密度 (水 =1): 0.882 ~ 0.886

（15.6℃ /15.6℃）。

饱和蒸气压：9.95kPa（20℃）。

闪点：–11℃。

引燃温度：560℃。

爆炸极限 (V/V): 1.2% ~8.0%。

正常条件下稳定，可与强氧化剂发生剧烈反应。

二、苯侵入人体的途径

首先，苯是通过呼吸道侵入人体。苯蒸气挥发到作业环境中，作业人员进入此作业环境，通过呼吸进入人体内，也是最主要职业接触途径。

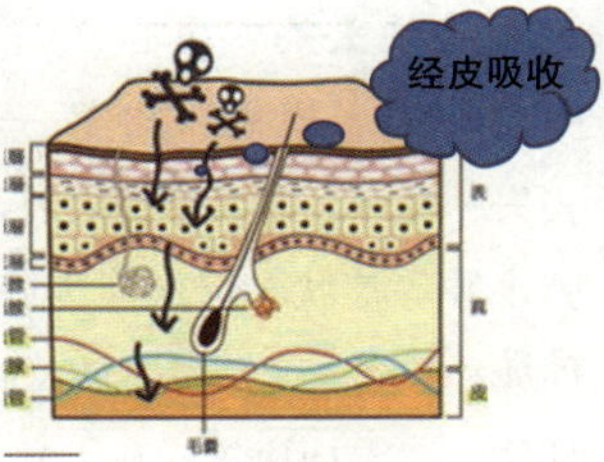

其次，苯是通过皮肤侵入人体，苯是可经皮吸入的物质，苯污染了手等处的皮肤或污染了衣物，可经过皮肤进入人体。这也是一种不能忽视的侵入途径。

另外，在工作场所饮食、饮水时，如不洗手或苯污染了食物和水，也有可能通过消化道进入人体。

三、苯对人体的危害

1. 急性毒性

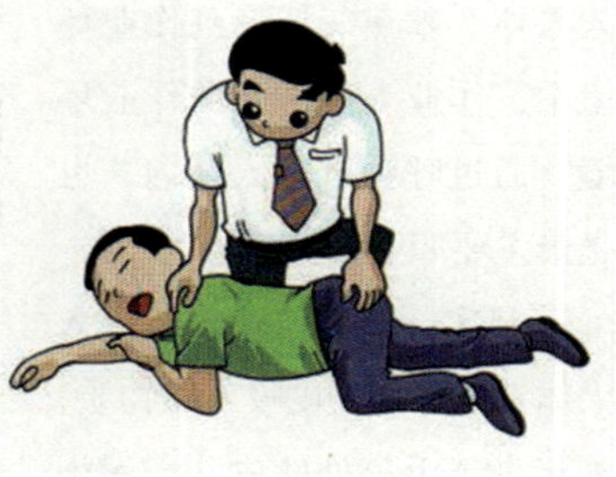

短时间内吸入大量苯蒸气或口服多量液态苯会引起急性苯中毒，主要表现在苯对中枢神经系统产生麻痹作用，重者出现头痛、恶心、呕吐、神志模糊、知觉丧失、昏迷、抽搐等现象以及呼吸及心率不规则、血压下降、肺水肿等症状，继而因为中枢系统麻痹导致呼吸和心跳停止而死亡。摄入含苯过多的食物会导致呕吐、胃痛、头昏、失眠、抽搐、心率加快等症状，甚至死亡。

人最低吸入 800 ～ 1000mg/m^3 浓度的苯蒸气 4 ～ 6h 即可引起急性苯中毒，吸入 1.6g/m^3 浓度的苯 1h 即可出现中毒症状；立即威胁生命和健康的浓度是 3000ppm 或 9800mg/m^3； 口服致死量约为 10mL。

2. 慢性毒性

（1）对中枢神经的危害

最常见的为神经衰弱综合征，头痛、头晕、记忆力减退、失眠、乏力等，有的出现植物神经功能紊乱的现象，如心动过速或过缓，皮肤划痕反应阳性，个别晚期病例有四肢末端麻木和痛觉减退的现象。

（2）对血液系统的危害

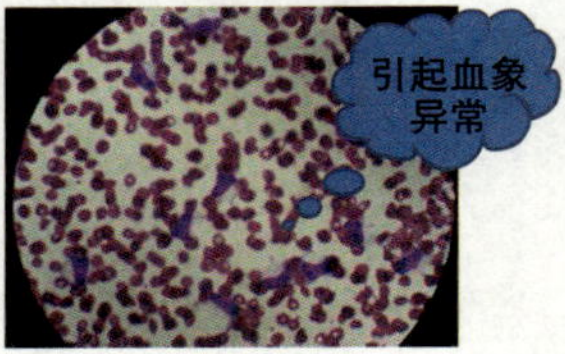

造血系统的异常表现是慢性苯中毒的主要特征。造血抑制，白细胞、血小板减少，重者出现全血细胞减少症、骨髓增生异常综合征、再生障碍性贫血；常有头晕、头痛、乏力、失眠、记忆力减退等症状，齿龈、皮肤出血，女性月经失调或过多。女工怀孕期及哺乳期必须调离，以免对胎儿产生不良影响。血液变化是主要表现，开始先有白细胞减少，以后出现血小板减少，中毒晚期出现全血细胞减少，即再生障碍性贫血。

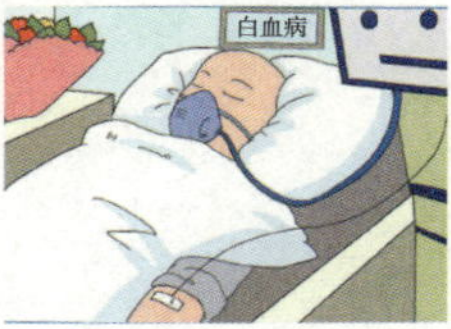

苯可以损害骨髓，使红细胞、

白细胞、血小板数量减少，并使染色体畸变，从而导致白血病（俗称血癌）发生。

（3）对皮肤的危害

经常接触苯可引起皮肤脱脂，变干燥、脱屑以至皲裂，也可出现过敏性湿疹、脱脂性皮炎等。

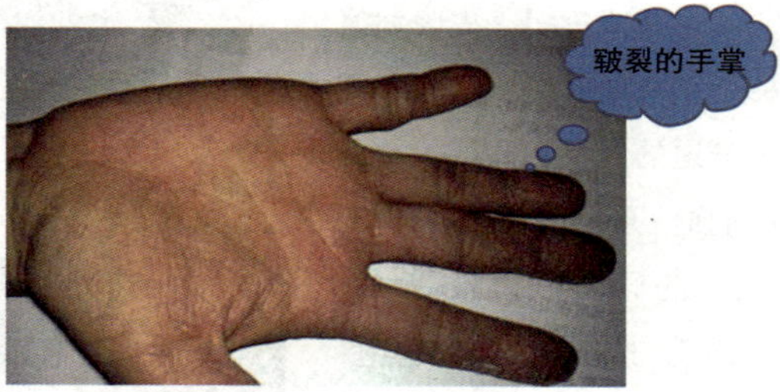

（4）苯所致法定职业病

苯所致的法定职业病有急性苯中毒、慢性苯中毒、苯所致白血病、接触性皮炎。

四、苯的职业接触限值

工作场所空气中：

8h 时间加权平均容许浓度（PC-TWA）不超过 $6mg/m^3$；

短时间接触容许浓度（PC-STEL）不超过 $10mg/m^3$；

立即威胁生命或健康的浓度（IDLH）为 $9800mg/m^3$ 或 3000ppm。

五、苯存在的作业环节

苯见于：

（1）生产“三苯”和用苯作原料、辅料的生产装置；

（2）使用苯作溶剂或分析含苯物料的实验室、化验室；

（3）苯的储运作业场所；

（4）含苯污水处理场等。

1. 重整、芳烃抽提装置操作环节

高风险区域：重整产物分离罐、脱 C_6、C_7 塔及其回流罐、二甲苯塔、抽提进料缓冲罐、抽提蒸馏塔（换热器、再沸器、进料缓冲罐、进料泵）、溶剂回收塔、苯闪蒸罐（加热器、冷却器、空冷器、回流罐、回流泵）、白土罐、苯检验罐、苯产品泵。

高风险作业：在高风险区域采样、巡检、检维修等。

2. 苯的装卸车作业环节

高风险区域：装车平台、卸车岗位、罐区。

高风险作业：装、卸车作业，罐区巡检、采样。

苯装车

3. 分析化验作业环节

高风险区域：含苯物料采样口，化验室分析岗。

高风险作业：含苯物料采样、分析化验等。

分析化验室

4. 污水处理作业环节

高风险区域：含油污水池、浮选池、油泥浮渣池、污油罐。

高风险作业：高风险区域巡检、检维修。

5. 维修作业环节

高风险区域：含苯物料的装置、设备。

高风险作业：含苯物料设备的维修、涂料和刷漆作业。

含苯机泵维修现场

6. 槽车清洗作业环节

高风险区域：洗车平台、槽车内。

高风险作业：在含苯物料槽车内洗车。

苯槽车清洗现场

另外，苯乙烯装置、乙烯裂解装置、裂解汽油加氢装置、苯酚丙酮装置、苯胺装置、环己酮装置、氯苯装置、树脂加工等装置岗位的作业人员也有接触苯的机会。

六、如何预防和控制苯的危害

1. 工程技术措施

（1）用无毒或低毒物质代替苯，是从根本上解决苯中毒问题的最好办法。

如用低毒的甲苯或甲基异丁基甲酮代替高毒的苯作溶剂生产环氧树脂等，或用低毒的醇类、或用微毒或无毒的酯类代替高毒的苯作溶剂生产树脂、油漆等涂料。

（2）改革工艺，减少接触。

合理布置生产工艺，使苯作业与无苯作业分开。生产过程密闭化、自动化。如采用遥控技术，或使用机器人从事车间空气中有高浓度苯的喷漆作业等。

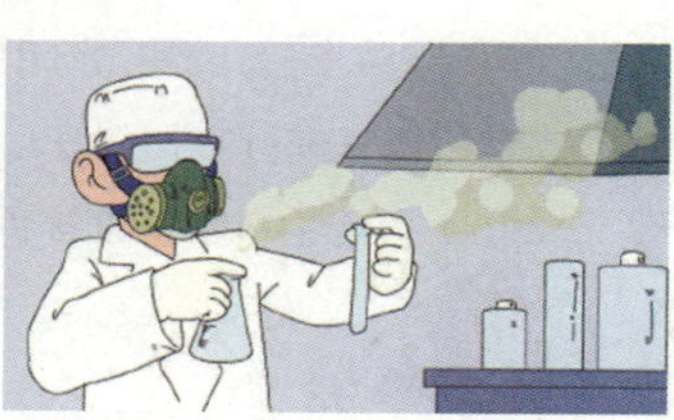

（3）加强通风排毒，安装有充分效果的局部抽风排毒设备，定期维修，使作业场所空气中苯的浓度低于

国家卫生标准。

（4）苯采样点应设置密闭采样系统。

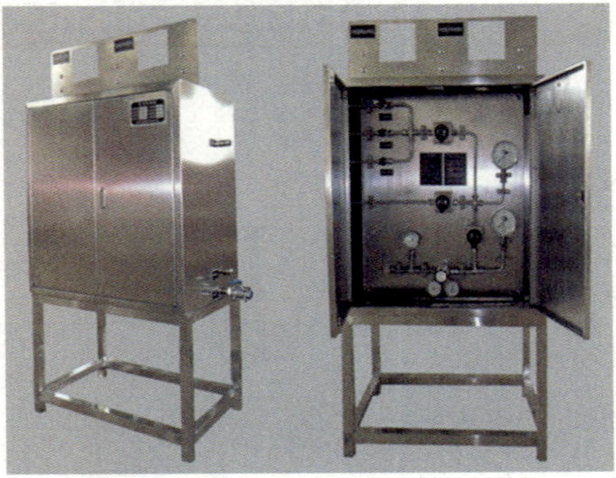

（5）分析化验室内设置通风橱，所有涉苯检验必须在通风橱内进行，室内设置全面通风（如轴流风、全面吸风口）等。

（6）苯罐周围、苯采样口、苯装卸栈台附近设置喷淋洗眼器。

（7）苯装车（船）采用密闭装车（船），置换的废气通过回收系统回收，不得直接排入大气。

（8）采用浮顶式或内浮顶式储苯罐，以减少苯蒸发。

（9）苯装车后，要有密闭的回收系统回收鹤管内残留的苯，或者用氮气进行吹扫鹤管。

（10）含苯物料不得直接排入雨水沟。

2. 管理措施

（1）职业健康培训

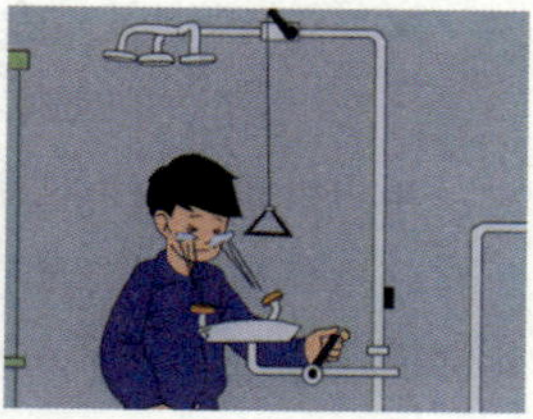

● 上岗前必须接受苯防护知识的培训，熟知苯的理化特性、健康危害及其防护措施。

● 必须熟知本岗位作业区域内苯的分布及接触苯的作业过程、可能的接触浓度。

● 进入装置巡检前，需观察风向标，采样时站在采样口的上风侧。

● 进入相对封闭的泵房、加料间前启动通风排毒设施，涉苯的分析化验要在通风橱内进行。

● 在生产允许的情况下，尽量缩短在装置现场内巡检作业时间。

● 工作场所禁止饮食、吸烟，饮食前洗手。

（2）个体防护措施

● 可能接触高浓度苯作业时，如苯物料采样、装卸车、化验分析和槽车清洗时要佩戴适用的防毒面具、防护镜和防化学手套。

● 个体防护用品应保证完好有效。过滤式防毒用品，必须按需要及时更换滤芯，面罩必须保证良好的气密性，面具要及时清洗。

● 槽车清洗前可进行强制通风，如果强制通风后苯和氧气的含量仍不能满足要求时，必须佩戴长管供气式防毒用具方可进入作业。

● 工作服和便服分开存放，工作服要勤洗勤换，橡胶手套要及时清洗，严禁使用里面被污染的橡胶手套。

（3）警示标识

● 在使用或存在苯的场所设置“当心中毒”或者“当心有毒气体”警告标识，以及“戴防毒面具”“穿防护服”“注意通风”等指令标识和“紧急出口”“救援电话”等提示标识。

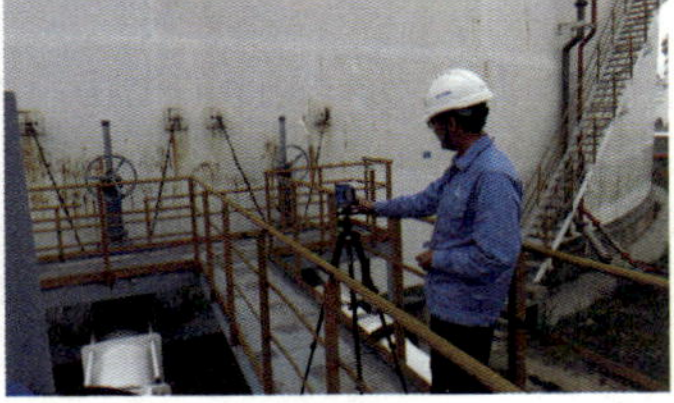

● 在使用苯的作业岗位醒目位置设置《告知卡》。卡片模板如下：

苯的职业病危害告知卡

<table>
<tr><th colspan="3">有毒物品　注意防护　保障健康</th></tr>
<tr><td rowspan="2">苯（皮）
Benzene(skin)</td><th>健康危害</th><th>理化特性</th></tr>
<tr><td>可经呼吸道、皮肤进入人体。
主要损害神经和造血系统。
短期大量接触可引起头痛、头晕、恶心、呕吐、嗜睡、步态不稳。重者发生抽搐、昏迷。
长期过量接触可引起白细胞减少、再生障碍性贫血、白血病。</td><td>无色液体，有芳香味，易挥发。不溶于水，与有机溶剂混溶。遇热、明火，易燃烧、爆炸。</td></tr>
<tr><td rowspan="4">当心中毒</td><th colspan="2">应急处理</th></tr>
<tr><td colspan="2">抢救人员穿戴防护用具，速将患者移至空气新鲜处，去除污染衣物；注意保暖、安静；皮肤污染时用肥皂水清洗，溅入眼内时用流动清水或生理盐水冲洗，各至少 20min；呼吸困难者给氧，必要时用合适的呼吸器进行人工呼吸；立即与医疗急救单位联系抢救。</td></tr>
<tr><th colspan="2">防护措施</th></tr>
<tr><td colspan="2">工作场所空气中时间加权平均容许浓度（PC-TWA）不超过 6mg/m^3, 短时间接触容许深度（PC-STEL）不超过 10mg/m^3。IDLH 浓度为 9800mg/m^3，属有机蒸气。密闭、局部排风、呼吸防护。禁止明火、火花、高热，使用防爆电气和照明设备。工作场所禁止饮食、吸烟。
</td></tr>
<tr><td colspan="3">急救电话：×××××× 咨询电话：××××××
消防电话：×××××× 当地职业中毒与控制机构：××××××</td></tr>
</table>

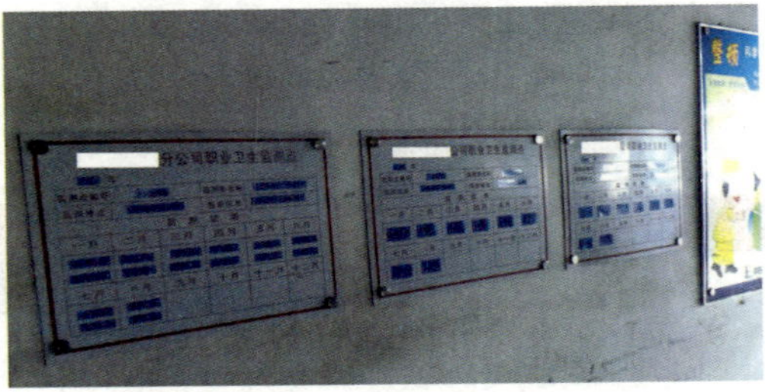

● 在使用苯的作业场所，设置红色警示线。警示线设在使用有毒作业场所外缘不少于 30cm 处。

● 在使用苯的作业场所应急撤离通道设置紧急出口提示标识。在泄险区启用时，设置“禁止入内”“禁止停留”警示标识，并加注必要的警示语句。

禁止标识

禁止入内

禁止停留

警示标识

当心中毒

指令标识

戴防护镜

戴防毒面具

戴防护手套

穿防护服

注意通风

（4）检测与评价

● 使用苯的作业场所，应每月对苯进行一次监测，每年至少委托有资质的服务机构进行一次检测与评价。

● 作业场所的空气中苯的浓度必须符合国家职业接触限值的要求。

● 检测结果要及时告知作业人员。

● 进入装苯槽车清洗作业前或进入苯罐检维修前，应检测槽车内或罐内苯的含量和氧的含量，苯的含量低于 $10mg/m^3$，并且氧含量高于 19.5% 时，方可进入作业。

（5）职业健康检查

①上岗前职业健康检查内容

● 症状询问

重点询问神经系统和血液系统病史及症状，如头痛、头晕、乏力、失眠、多梦、记忆力减退、皮肤黏膜出血、月经异常等。

● 体格检查

内科常规检查。

● 实验室和其他检查

必检项目：包括血常规、尿常规、血清 ALT、心电图、肝脾 B 超。

以下人员不能从事苯作业（苯作业的职业禁忌证）

一是血常规检出有如下异常者：白细胞计数低于 $4\times10^9/L$ 或中性粒细胞低于 $2\times10^9/L$；血小板计数低于 $8\times10^{10}/L$。

二是患有造血系统疾病。

② 在岗期间职业健康检查内容

● 症状询问

重点询问神经系统和血液系统症状，如头痛、头晕、乏力、失眠、多梦、记忆力减退、皮肤黏膜出血、月经异常等。

● 体格检查

内科常规检查 。

● 实验室和其他检查

必检项目： 血常规（注意细胞形态及分类）、尿常规、血清 ALT、心电图、肝脾 B 超。

选检项目：尿反 – 反粘糠酸测定、尿酚、骨髓穿刺。

● 复查

受检人员血液指标异常者，应每周复查 1 次，连续 2 次。

● 健康检查周期

1 年。

● 目标疾病

职业病：职业性慢性苯中毒；职业性苯所致白血病。

职业禁忌证：造血系统疾病。

③ 应急职业健康检查内容

● 症状询问

重点询问短期内大量苯的职业接触史及头晕、头痛、恶心、呕吐、烦躁、步态蹒跚等症状。

● 体格检查

内科常规检查。

神经系统常规检查及运动功能、病理反射检查。

眼底检查。

● 实验室和其他检查

必检项目：包括血常规、尿常规、肝功能、心电图、肝脾 B 超。

选检项目：包括尿反 - 反粘糠酸、尿酚、脑电图、头颅 CT 或 MRI。

● 目标疾病

职业性急性苯中毒。

④ 离岗时职业健康检查内容

同在岗期间检查内容。

（6）应急防护

● 在装置内发生大量苯泄漏时，人员应根据泄漏点的位置和风速、风向，选择合适的撤离方向，尽量往泄漏点的上风向撤离。

● 发生急性苯中毒时，迅速把中毒人员移送至空气新鲜处，脱去污染的衣物，及时就医。

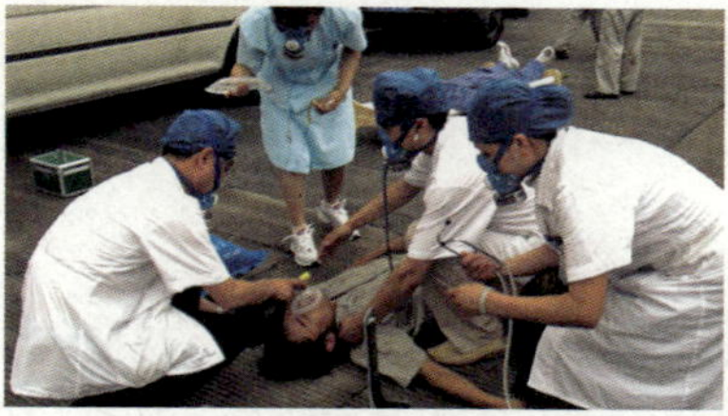

● 苯沾污皮肤、黏膜，溅入眼内时，用大量清水冲洗，就医。

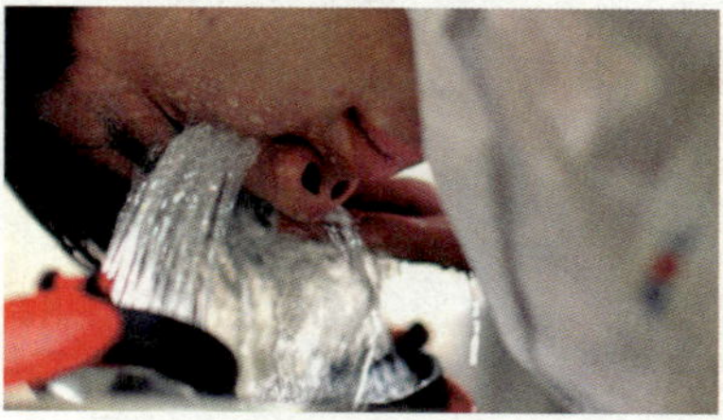

● 当有人发生急性中毒时，抢险人员必须佩戴空气呼吸器进入装置救人、抢险。

七、典型案例

1. 案例一

事故经过

某厂一名年轻的操作工A某在给4号缩合锅进行第二次输送苯时，违反操作规定，输苯的同时给锅加热。然后，A某回到交接班室，捧起武侠小说入迷地看起来，20min后，他想起加热的缩合锅，赶紧扔下小说跑去4号锅前，透过视镜见锅内漆黑一片，瞬间慌了手脚，在没有停苯泵的情况下，打看视镜盖。顿时，锅内带压的苯液喷涌而出，自他头面部浇注全身，大量流淌到地板上，他大声呼叫，同班工人迅速赶到，仅几秒后，A某呼叫难受，同班工人扶他离开现场，刚移动两步，即昏倒在地。将其抬到外面约3min后，A某深吸一口气，随即呼吸停止。10min后，经抢救无效死亡。

事故分析

输苯同时给4号缩合锅加热，不停泵打开视镜盖，违反操作规程；擅离岗位看小说，违反劳动纪律。以上两种原因，致使喷出苯液，是造成本次死亡事故的主要原因。

缺乏自救互救知识。事故后理应将患者抬到空气新鲜处，立即脱去被污染的衣物，用大量清水冲洗，特别是头面部及鼻腔内液苯，可以减少高浓度苯的继续吸入和吸收，减轻中毒的程度，遗憾的是这些处理不及时。

2. 案例二

事故经过

某炼化企业苯罐检维修，维修人员在第一次进入苯罐前，严格按照密闭空间作业的规定进行苯浓度和氧含量的检测，都合格后并开具密闭空间作业票，三名维修人员方进入苯罐作业。在维修作业过程中，内浮顶的平衡桶倾倒，桶内残留的苯流至苯罐底部，维修人员没有在意，继续在罐内进行检维修作业。大约 2h 后，三人相继出现头晕、头痛、恶心等症状，一人逃出苯罐，其余两人已无力走出苯罐，晕倒在罐内。三人经抢救脱离生命危险。

事故分析

虽然作业前严格按照密闭空间作业的规定进行检测并开具作业票，但在作业过程中苯的浓度发生了很大的变化，应该重新检测—置换—再检测，直到合格才能再进入罐作业，但作业人员没有意识到这一点，大量苯流出后，没有采取任何措施，仍继续作业，导致三人急性苯中毒。

3. 案例三

事故经过

某炼化企业的中心化验室，有人员 50 人，负责全厂物料、油品等的质量分析化验。2010年前，分析化验人员负责采样和分析化验，2010年后，各装置外操负责现场采样，分析化验人员负责到外操室取样。2008年职业健康检查中发现有3例白细胞减少人员，以后白细胞减少人数每年都在增加，2013年白细胞减少人数达12人，其中1人被诊断为苯所致白血病，2人被诊断为慢性苯中毒。

事故分析

在过去，多数人认为分析化验岗位工作没有装置中外操的工作重，工作环境也比较干净、卫生，其实分析化验岗位的健康危害多数是“看不见”的。在过去采样时，很少使用密闭采样器，采样的瞬间可接触高浓度的危害因素，但几乎都没有对采样时毒物的浓度进行检测，在分析化验室也很少设置检测点。

采样时，接触高浓度的化学物质，分析化验时，接触的化学物质种类多，接触时间长，特别是有些试验不能在通风橱内，也会造成接触浓度较高。再加上员工自认为本岗位比较干净、卫生，呼吸防护也做得不好，导致分析化验岗位成为慢性苯中毒的多发岗位。